BEI GRIN MACHT SICH IHR WISSEN BEZAHLT

- Wir veröffentlichen Ihre Hausarbeit,
  Bachelor- und Masterarbeit

- Ihr eigenes eBook und Buch -
  weltweit in allen wichtigen Shops

- Verdienen Sie an jedem Verkauf

Jetzt bei www.GRIN.com hochladen
und kostenlos publizieren

Erik Schrenner

Gletscherdynamik - Bewegung und Fließgeschwindigkeit kalter, temperierter und polythermaler Gletscher

GRIN Verlag

Impressum:

Copyright © 2011 GRIN Verlag GmbH
Druck und Bindung: Books on Demand GmbH, Norderstedt Germany
ISBN: 978-3-656-23932-1

Gletscherdynamik: Bewegung und Fließgeschwindigkeit kalter, temperierter und polythermaler Gletscher

Inhaltverzeichnis

1 Einleitung

Gletscher sind aktive, dynamische Komponenten unseres klimatischen Systems. Sie sind nicht nur wichtig für das Klima, sondern prägen auch die Landschaften durch ihren Rückzug und auch ihre Ausbreitung. Etwa 10% der heutigen Festlandfläche wird von Gletschern oder Inlandeismassen bedeckt. Die große Menge an Schmelzwasser, welches bei der Erwärmung der Erde von den Gletschern freigesetzt wird, führt dazu, dass die Gletscher in den letzten Jahren zu einem der Forschungsschwerpunkte aufgestiegen sind. Grund ist der Meeresspiegelanstieg der durch die Mengen an Schmelzwasser verursacht werden könnte. So wurde auch die Gletscherdynamik, welche Thema dieser Arbeit sein soll, ausführlich untersucht.

Die vorliegende Arbeit soll einen Einblick in die Gletscherdynamik geben. Es wird auf die verschiedenen Bewegungen und Fließgeschwindigkeiten kalter, temperierter und polythermaler Gletscher eingegangen. Dabei wird als erstes eine thermale Differenzierung der einzelnen Typen vorgenommen. Anschließend werden die Gletscherbewegung und ihre Arten thematisiert. Nachdem die verschiedenen Formen der Bewegung angesprochen wurden, folgt eine Einführung in die Fließgeschwindigkeit von Gletschern. Innerhalb dessen sollen in Längs- und Querprofil ablaufende Bewegungen und deren Fließgeschwindigkeit näher betrachtet werden. Die Schwankungen der Geschwindigkeit, das Beispiel von Gletschervorstößen und die Funktion von Gletscherspalten werden den Punkt der Fließgeschwindigkeit abschließen. Daraufhin wird jeweils ein Beispiel zu kalten, temperierten und polythermalen Gletschern aufgeführt. Diese sollen einen Vergleich möglich machen aber auch aufzeigen, dass sich Gletscher auch unabhängig von ihren thermalen Eigenschaften bewegen können.

2 Klassifizierung von Gletschern

Die Klassifizierung der Gletscher erfolgt anhand von verschiedenen Kriterien. Eine Differenzierung der einzelnen Typen kann anhand von dynamischen, morphologischen und thermalen Gesichtspunkten dargestellt werden. In dieser Arbeit soll die thermale Unterteilung im Vordergrund stehen. Hierbei ist der Hauptunterschied der Druckschmelzpunkt oder auch die Druckschmelztemperatur. Dieser bezeichnet „die durch Auflagedruck überlagerter Massen erniedrigte Schmelztemperatur von Eis" (Leser:2005:166). Die auflastbedingte Schmelztemperatur wird durch das Eigengewicht des Gletschers an seiner Basis bestimmt. An dieser Stelle sinkt „der Schmelzpunt des Eises um etwa 0,06 °C pro 100m" (Ahnert:1996:327). Die Temperaturen des Eises oder Wassers werden durch weitere Prozesse des Wärmehaushaltes gesteuert. Zum Einen kommt es an der Oberfläche des Gletschers durch Strahlung und Luftmassenaustausch zur Energiezufuhr und - abgabe. Zum Anderen wird dies durch in Spalten eindringendes Sicker- oder Regenwasser sowie geothermischen Wärmefluss verursacht (Zepp:2008:193-194).

2.1 Temperierte Gletscher

Temperierte oder warme Gletscher sind vor allem in den mittleren- und niederen Breiten verteilt. Bei ihnen befindet sich die Temperatur des Eises in der Nähe des Druckschmelzpunktes. Sie produzieren ganzjährig Schmelzwasserabflüsse, was zusammen mit dem niedrigen Druckschmelzpunkt zur Entstehung eines Wasserfilms an der Gletschersohle führt. Der Wasserfilm weist ein streifen- oder auch fleckenförmiges Muster auf. Dieser begünstigt die Fließbewegung des Eises. Wenn es zu Unebenheiten an der Gletschersohle kommt, kann dies zu Temperaturschwankungen um den Druckschmelzpunkt führen. Eine Folge davon wäre die Regelation, ein Schmelzen und Wiedergefrieren des Eises (Greve:2009:273-238/Zepp:2008:194).

Der Prozess der Regelation bewirkt eine Änderung des Kristallgefüges und eine Formänderung des Eises. Zusammen mit der Temperatur am Druckschmelzpunkt tragen diese Veränderungen zur leichten Verformbarkeit temperierter Gletscher bei. Da die Verformbarkeit in Gefällrichtung orientiert ist, wird sie zu einer plastischen Fließbewegung (Ahnert:2009:301-302). Kommt es zu einer Fließbewegung über Lockermaterial, dessen Poren wassergesättigt sind, wird die Rauigkeit an der Sohle herabgesetzt und eine höhere Fließgeschwindigkeit ist die Folge. Warme Gletscher reagieren auf Klimaänderungen mit Vorstößen oder Abschmelzen (Greve, Blatter:2009:273-238/Zepp:2008:194).

2.2 Kalte Gletscher

Dieser Gletschertyp ist hauptsächlich in polaren Gebieten der Erde anzutreffen. Sein wichtigstes Unterscheidungsmerkmal zum temperierten Gletscher ist die Eistemperatur. Diese befindet sich nicht, wie bei warmen Gletschern, am Druckschmelzpunkt, sondern liegt deutlich darunter. Dadurch befindet sich kein Wasserfilm an der Sohle des Gletschers, sondern das Eis ist am Untergrund festgefroren. Kommt es, in Folge der Bewegung des Gletschers, zu Druck- oder Zugbeanspruchung, so reagiert das Eis spröde. Die Bewegung kennzeichnet sich durch plastische Deformation und durch ein Gleiten, vorwiegend in einer Blockschollenbewegung über den Untergrund oder entlang von Scherflächen (Ahnert:2009:302/Zepp:2008:194).

2.3 Polythermale Gletscher

Dieser Typus verbindet sowohl temperierte, als auch kalte Eistemperaturen. Die Eistemperaturen nahe dem Druckschmelzpunkt befinden sich im Akkumulationsgebiet des Gletschers. Im Ablationsgebiet gelegene Temperaturen sind eher typisch für kalte Gletscher, da sie sich unterhalb des Druckschmelzpunktes befinden. Somit haben besonders polythermale Gletscher ein starkes Temperaturgefälle. Die kalten und temperierten Flächen im Gletscher werden durch eine interne, freie Übergangsfläche getrennt (Putzlager:2010:23).

3 Gletscherbewegung

Grundlegend entstehen Gletscher aus Schnee- und Firnansammlungen, die im Falle eines zu geringen jährlichen Wärmehaushaltes vor dem Abschmelzen bewahrt bleiben (Leser:2003:278). Sobald ein bestimmter Schwellenwert bei der Mächtigkeit des Eises, in Verbindung mit dem Gefälle des Untergrundes und der Eisbeschaffenheit erreicht ist, bewegt sich ein Gletscher. Dabei orientiert sich die Bewegungsrichtung des Gletschers an der Gefällrichtung der Gletscheroberfläche, welche vom Gefälle des Untergrundes abweichen kann. Gletscher bewegen sich mit unterschiedlichen Geschwindigkeiten voran. Bei der Art der Bewegung gibt es unterschiedliche Formen, abhängig von der Temperatur des Gletschereises und dem vorherrschenden Druck im Eis (Zepp:2008:192-194).

Grundlegend kann ein Gletscher als ein System betrachtet werden, welches sich aus den Elementen Massenzufuhr, Massenspeicher und Massenabfuhr zusammensetzt und im dynamischen Gleichgewicht befindet. Die Massenzufuhr bezieht sich auf das Akkumulationsgebiet eines Gletschers. An dieser Stelle wird dem Gletscher Masse zugeführt, was durch Schneefall, Gefrieren von Niederschlag, Lawinen und der Windverfrachtung von Schnee erfolgen kann. Alle Prozesse die zur Massenabfuhr beitragen befinden sich im Ablationsgebiet. Hierbei kommt es zu Schmelzprozessen, dem Gletscherabbruch, auch Kalbung genannt und Verdunstung. Die Gleichgewichtslinie kennzeichnet den Bereich, in dem sich Massenzufuhr- und abfuhr ausgeglichen verhalten (Meyer:2004:32/Strahler:1999:471).

3.1 Deformationsfließen oder interne Deformation

Unabhängig von den klimatischen Rahmenbedingungen und den Eigenschaften des Untergrundes, leitet sich diese Art der Bewegung hauptsächlich von den physikalischen

Eigenschaften der Eiskristalle des Gletschereises ab. Diese werden durch den Druck der Eismassen im plastischen Bereich des Gletschers bewegt. Abbildung 1 zeigt die Aufteilung der Zonen beim plastischen Fließen. Dabei wird die obere starre Zone durch die plastische Bewegung der unteren Zone mit bewegt (FUB:2007:o.A.).

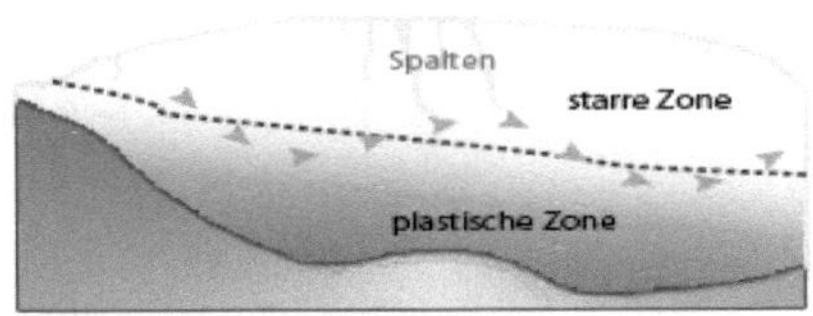

Abb.1: plastisches Fließen eines polaren/kalten Gletschers (FUB:2007:o.A.)

Ausgehend von dem Fließgesetz von Glen, siehe Abbildung 2, „entsteht eine Bewegung, wenn durch das Massenungleichgewicht zwischen den unterschiedlichen Teilen des Gletschers und die resultierende Neigung der Eisoberfläche, zusammen mit der vorhandenen Eismächtigkeit, eine Schubkraft oberhalb des Schwellenwertes von 50 kPa entsteht"(Putzlager:2010:18,nach Winkler:2009:23). Die interne Deformation nimmt vom Rand zur Mitte und von unten nach oben hin zu (Putzlager:2010:18).

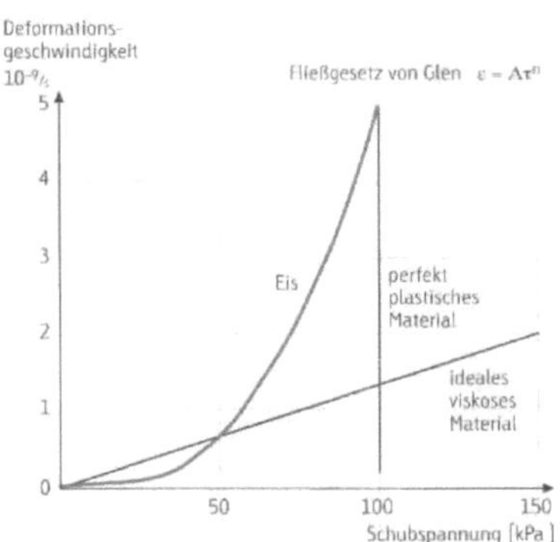

Abb. 2: Beziehung zwischen Schubspannung und Deformationsgeschwindigkeit für verschiedene Materialien

(verändert nach PATERSON:1994, aus WINKLER:2009:23)

$$e = A \cdot t^n$$

e = Deformationsgeschwindigkeit (m/s)   t = Schubspannung (N/m²)

A = temperaturabhängige Konstante (m² · s/kg)   n = empirischer Exponent (-)

3.2 Basales Gleiten

Diese Form der Bewegung ist typisch für temperierte Gletscher. Da sich das Eis am Druckschmelzpunkt befindet, kann ein dünner Schmelzwasserfilm an der Sohle des Gletschers entstehen, wodurch er, wie Abbildung 3 zeigt, gleiten kann. Bei kalten Gletschern ist diese Form der Bewegung nicht möglich, da die vorherrschenden Temperaturen nicht ausreichen, um das Eis zum Schmelzen zu bringen, wodurch das Gleiten ermöglicht wird. Eine weitere Möglichkeit von temperierten Gletschern ist die Bewegung durch Deformation subglazialer Sedimente. In diesem Fall besteht der Untergrund aus unverfrorenem Lockermaterial. Auf diesem kann der Gletscher in die vorgegebene Eisflussrichtung gleiten, wenn es zur Deformation der unterlagernden Schichten gekommen ist.

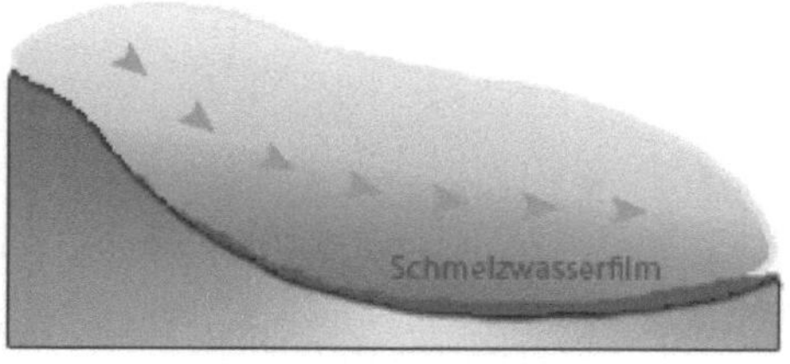

Abb. 3: Basales Gleiten eines temperierten Gletschers auf dem Schmelzwasserfilm (FUB:2007:o.A)

Es muss erwähnt werden, dass ein fließender Gletscher nicht zwangsläufig ein vorstoßender Gletscher ist. Solange ein Gletscher existiert findet auch eine Fließbewegung statt, dies bedeutet aber nicht, dass das äußerste Ende des Gletschers vorstößt. In Abbildung 4 ist dargestellt, wie sich die Gletscherfront im Rückzug befindet, obwohl es eine Eisbewegung nach vorne gibt. Verursacht durch das Deformationsfließen findet eine kontinuierliche Vorwärtsbewegung statt, selbst im Fall eines Gletscherrückzuges. Der Vorstoß dagegen hängt vom Verhältnis zwischen Ablation und Akkumulation ab (Putzlager:2010:18-19).

Abb. 4: Gletscherfließen eines Gletschers im Rückzug (Putzlager:2010:19)

4 Fließgeschwindigkeit von Gletschern

Mit der Bewegungsgeschwindigkeit von Gletschern zeigt sich eine räumliche Differenzierung. Verteilt auf der gesamte Erde bewegen sich Gletscher ganzjährig mit unterschiedlichen Geschwindigkeiten. Die wohl aktivsten unter ihnen stammen aus dem grönländischen Inlandeis. Sie bewegen sich zwischen 3 – 10 km pro Jahr was am Tag eine Strecke von 10 – 30 m bedeutet. Die Gletscher des Himalayas dagegen bewegen sich circa 500 - und 1500 m pro Jahr (2 - 4 m täglich). Im Vergleich dazu liegt die Fließgeschwindigkeit der Alpengletscher bei 30 – 150 m im Jahr (Zepp:2008:193).

Die Geschwindigkeit, mit welcher sich Gletscher bewegen, hängt von verschieden Faktoren ab. Eine große Rolle spielen das Gefälle der Sohle, der Druck ausgehend vom Akkumulationsgebiet, der Querschnitt des Eisfeldes und die Untergrundbeschaffenheit, auf welcher sich der Gletscher bewegen muss (Westfeld:2005:36). Die Bewegungsgeschwindigkeit hängt weiterhin mit dem Massenhaushalt zusammen.

Abhängig von verschiedenen Elementen, wie der Eismächtigkeit, dem Gefälle und den Eigenschaften der Eiskristalle, kommt es zur Bewegung. Anfangs ist diese an die Verformbarkeit der Eiskristalle gebunden und wird durch plastisches Fließen charakterisiert. Entsprechend dem Gesetz von Glen (siehe 3.1) erhöht sich die Deformationsgeschwindigkeit mit der Schubspannung. Mit abnehmender Temperatur des Eises minimiert sich die Konstante A. Wenn Eis eine Temperatur um die 0° C besitzt fließt es circa 100- mal schneller als Eis was eine Temperatur von -13° C besitzt. Die größten Deformationsraten treten an der Sohle des Gletschers auf. Der Grund dafür liegt in der Schubspannung da sie mit zunehmender Gletschermächtigkeit ansteigt (Zepp:2008:193).

Die Geschwindigkeit ist die beste Möglichkeit um Aussagen über die Gletscherbewegung machen zu können. Sie ist von Gletscher zu Gletscher unterschiedlich und auch innerhalb eines Gletschers kann es zu Unterschieden kommen. Diese Schwankungen werden durch verschiedenste Faktoren verursacht. Unter anderem spielen Druck, Eismächtigkeit, Reibung, Neigung, Stauung und Massenzufuhr und -abnahme eine entscheidende Rolle. Auch zeitlich kann es zu Unterschieden kommen. Grund dafür ist die Temperatur, der Wind, die Sonnenaktivität und der Gletscherhaushalt. Als dritter Punkt differenziert sich die räumliche Aktivität der Gletscher in alle Richtungen des Längs- und Querprofils. (Klebelberg:1948:80-83)

4.1 Fließgeschwindigkeit im Längsprofil

In Alpengletschern setzt die Bewegung im Oberrand des Firngebietes mit mäßiger Geschwindigkeit ein. Im weiteren Verlauf nimmt die Geschwindigkeit mit steigender Gletschertiefe rasch zu, danach im flacheren Firnfeldbereich steigt sie nur noch gering an. Diese Zunahme setzt sich bis in den oberen Bereich der Gletscherzunge fort. Folglich nimmt die Geschwindigkeit bis zum Ende der Gletscherzunge durch stärker werdende Schmelzprozesse ab. Im Querschnitt betrachtet, ist die Fließgeschwindigkeit bei Gletschern mit dicken, tiefen Eisdecken am Größten, gefolgt von Gletschern mit einem verengten Querschnitt, geformt durch das regionale Relief. Bei verbreitertem

Querschnitt nimmt die Geschwindigkeit, mit der sich das Eis bewegt, ab. Das Stagnieren des Eises tritt lediglich an Staubereichen, toten Winkeln und hinter Vorsprüngen auf. Im oberen Bereich von Hindernissen oder Felsklippen kann es zum Aufstocken des Eises kommen (Klebelsberg:1948:83).

Mündet ein Seitengletscher ein, wirkt dies auf den oberhalb anschließenden Teil des Hauptgletschers geschwindigkeitsmindernd und das Eis staut sich an. Bei der Gletschervereinigung verursachte Mächtigkeitszunahme im unteren Bereich der Einmündung führt zu einer starken Beschleunigung, wenn sich keine weiteren Hindernisse dem entgegenstellen. Außerdem wird die Gletscherbewegung durch das Nachlassen des Reibungswiederstandes angetrieben (Klebelsberg:1948:83).

4.2 Fließgeschwindigkeit im Querprofil

Im Querprofil erhöht sich die Bewegung des Eises vom Rand hin zur Mitte. Ausgelöst wird diese durch die Zunahme der Gletschertiefe zum Zentrum des Gletschers. Das Eis an den Rändern verhält sich bei seiner Bewegung zur Mitte hin unsymmetrisch, eine gleiche Geschwindigkeit auf beiden Seiten kann nur erreicht werden, wenn der Gletscher einen nahezu geraden Verlauf aufweist. Kommt es zu einer Biegung im Verlauf des Gletschers, wird die Mitte leicht verzögert in Richtung des Prallhanges verschoben. Diese Linie größter Fließgeschwindigkeit nimmt mit Anstieg der Breite des Gletschers ebenfalls zu (Klebelsberg:1948:83).

Weiterhin fällt auf, dass besonders bei arktischen, kalten Gletschern eine schnelle Geschwindigkeitszunahme von den Randlagen zur Mitte hin stattfindet. Ein weiterer Punkt, neben der allgemeinen Bewegung in Längsrichtung des Gletschers, bezieht sich auf den mittleren, randfernen Teil. Findet eine Differenzierung zwischen der zentralen Mitte und den Randlagen der Mitte eines Gletschers statt, so lässt sich folgende Aussage treffen. Im zentralen Teil der Mitte kommt es zu einer absteigenden Bewegungskomponente, wohingegen zum Rand gelegene Bereiche der Mitte eine aufsteigende Bewegungskomponente verzeichnen können. Diese Zu- bzw. Abnahme der Geschwindigkeit, aufgrund unterschiedlicher Druckverteilung, ist jedoch eher schwach ausgeprägt. Bei Inlandeisen vollzieht sich die horizontal ausgerichtete Bewegung eher in sohlennahen, tieferen Lagen. Der obere Bereich dagegen scheint eher still zu stehen oder zeigt nur eine Absinkbewegung, wenn es zu verstärktem Firnzuwachs in den höheren Lagen kommt (Klebelsberg:1948:84-87).

4.3 Zeitliche Schwankungen der Fließgeschwindigkeit

Die Schwankung der Bewegungsgeschwindigkeit kann periodisch, aber auch ohne Periodizität auftreten. Periodisch auftretende Schwankungen sind dabei von täglichen, mehrtägigen, jährlichen oder mehrjährigen Rhythmen geprägt. Wenn es durch Anstieg der Temperatur zum Abschmelzen des Eises und dadurch zur Zunahme der Geschwindigkeit kommt, kann von einer Periodizität gesprochen werden. Dabei wird besonders der Unterschied zwischen Tag und Nacht deutlich. „Genauste Messungen haben wohl B. Washburn und R. Goldthwait (1937) angestellt, indem sie am South Crillon Glacier in Alaska durch 20 Sommertage hindurch halbstündig die Bewegungsgeschwindigkeit maßen; es ergab sich, dass die tägliche Bewegung ungefähr viermal so groß ist wie die nächtliche." (Klebelsberg:1948:86) Eine merkliche Schwankung stellt sich ebenfalls bei Wetterlagen ein. Besonders die Sonnenstrahlung beeinflusst die Geschwindigkeit. Wird die Strahlung stärker, steigt auch die Bewegungsrate der Gletscher. Bei der jahreszeitlichen Schwankung wird sichtbar, dass besonders im Sommer die Geschwindigkeit, mit der sich ein Gletscher bewegt, deutlich größer ist als im Winter. Die Ursache dafür liegt in der Zunahme der Plastizität mit der Temperatur. Bei mehrjährigen Zeitabständen lässt sich eine Schwankung der Geschwindigkeit mit dem Umsatz des Gletschers in Verbindung bringen. Dabei wird das Verhältnis des Nachschubes aus dem Nährgebiet zum Abschmelzen im Zehrgebiet betrachtet. Diese mehrjährige Periodizität stellt die Gletscherschwankungen dar, welche durch das regionale Klima hervorgerufen werden. Erdbeben oder Vulkanismus sind Ursachen für unperiodische Schwankungen der Bewegungsgeschwindigkeit von Gletschern (Klebelsberg:1948:86-87).

4.4 Geschwindigkeitsänderungen bei Gletschervorstößen

Gletschervorstöße haben vermehrte Stoffzufuhr als Ursache. Diese, ob periodisch oder unperiodisch hervorgerufen, wird als erstes durch eine oberflächliche Anschwellung im Nährgebiet sichtbar. Die Anschwellung wandert über die nächsten Jahre gletscherabwärts. Dabei nimmt die Geschwindigkeit des Eises, verursacht durch die Drucksteigerung, stetig zu. Im weiteren Verlauf wird die komplette Masse von dem Anstieg der Bewegungsrate erfasst und lediglich durch lokale Hemmnisse abgeschwächt. Diese Geschwindigkeitszunahme setzt sich bis in die Gletscherzunge fort und führt dort zu einem Vorstoßen des Gletschers. Da sich dieser Prozess über Jahre hinweg vollzieht, kann es passieren, dass der Gletscher vorstößt obwohl im Nährgebiet keine Stoffzufuhr mehr stattfindet. Ebenso kann sich der Gletscher zurückziehen, obwohl im Nährgebiet eine starke Stoffzufuhr vorherrscht (Klebelsberg:1948:87-89).

4.5 Gletscherspalten als Bewegungsindikatoren

Gletscherspalten zeigen laterale Scherspannungen im Eis an. Verursacht werden sie durch unterschiedliche Fließgeschwindigkeiten der Eismassen und Unregelmäßigkeiten am Gletscherbett. Sie erreichen bei sehr kalten Gletschern eine maximale Tiefe von 30–50m. Grund dafür ist, dass mit zunehmender Mächtigkeit des Gletschers sein Eis nicht mehr spröde, sondern plastisch reagiert. Verschiedene Druck- und Zugbeanspruchungen weisen unterschiedliche typische Spaltenmuster auf (Zepp:2008:193).

Wird die Bewegung gedeutet, sind Gletscher einem raschen Wechsel der Geschwindigkeit unterworfen. Nach Betrachtung der Beziehung zum Gletscherbett sind Spalten eher ortsbeständig. Nachdem das Eis an der Oberfläche des Gletschers die Stelle passiert hat, an der es zur Entstehung der Spalte kam, schließen sich die Spalten wieder. Das nachrückende Eis erfährt an derselben Stelle ebenfalls einen Spaltvorgang und schließt sich kurz danach wieder. Der Spalt entsteht durch einen dünnen, feinen

Haarriss im Firneis. Mit dumpfem Laut oder einem scharfen Knall springt dieser auf und wird langsam größer, bis er die volle Gestalt der Spalte erreicht hat. Im Untergrund bilden sie eine Keilform aus, erreichen aber nur bei sehr dünnen Gletschern oder in Randlagen den Grund. Im Nährgebiet des Gletschers verwischen die Spuren einstiger Spalten, im Abschmelzgebiet jedoch bleiben nach der Schließung Narben zurück. Diese zeigen sich durch Furchen, Fugen oder aneinandergereihte Vertiefungen an der Gletscheroberfläche (Klebelsberg:1948:89-90).

4.5.1 Bergschründe und Randspalten

Nach Leser definiert sich der Bergschrund als „die oberste, ortsfeste und sehr mächtige Spalte eines Gletschers. Sie liegt oft am Übergang zwischen den steilen Karwänden und dem flacheren Karboden, wo sich das schneller bewegte Eis der Firnmulde von dem am Karrand haftendem Eis und Firnschnee löst"(Leser:2005:85). Bergschründe werden oft mit Randspalten gleichgesetzt, wobei dies nur zum Teil stimmt, da sie ein wesentlicher Unterschied trennt. Randklüfte werden von trockenem Fels und Firn oder Eis getrennt. Das liegt unter anderem an Schmelzvorgängen, da sich Randklüfte in talnäheren Lagen des Gletschers befinden, wo die Temperatur eine größere Rolle spielt. Bergschründe hingegen werden von Firn und einer, durch Firn oder Eis bedeckten, Felswand begrenzt. Dabei handelt es sich nicht um eine trockene Felswand. Dies liegt daran, dass sich Bergschründe über der Schneegrenze befinden, meist an der oberen Grenze des Firngebietes. (Klebelsberg:1948: 90-96). Wichtig ist jedoch, dass beide Formen Geschwindigkeitsunterschiede zwischen Mitte und Randbereichen des Gletschers aufzeigen. Der Grund dafür liegt im Absinken der Eismächtigkeit zum Rande hin und am Anfrieren des Eises am Untergrund (Zepp:2008:193).

4.5.2 Querspalten

Mit der Geschwindigkeitszunahme beim Übergang von Nähr- ins Zehrgebiet nehmen unter der Schneedecke Zugkräfte in Stromrichtung zu. Quer dazu reißen Spalten in der Mitte des Gletschers auf. Diese werden Querspalten oder auch Transversalspalten genannt. Sie sind meistens sehr zahlreich und an Bereichen mit Gefällzunahme um wenige Grade keilen sie stark auf. Besonders deutlich werden sie deswegen an Steilabfällen, an denen die oberen Bereiche des Eises auseinandergerissen und die unteren zusammengepresst werden. Da sie besonders den schnell bewegten, mittleren Strom des Gletschers bevorzugen, sind sie in Randlagen weniger zu finden und keilen lediglich bis zum Rand hin aus. Im Bereich der Steilabfälle wirkt der Gletscher durch die Querspalten zerhackt oder bildet Prismen und Zackenformen aus. Trifft diese Form zu, wird von sogenannten Sèracs gesprochen. Im talabwärts gelegen, flacher werdenden Bereich schließen sich die Spaltensyteme wieder (Klebelsberg:1948:96-97).

4.5.3 Zungenrandspalten

Als Folgen von Unterschieden der Geschwindigkeit zwischen Mitte und Rändern im Zehrgebiet treten Zungenrandspalten auf. Grund für die Entstehung ist wieder der schneller bewegte, mittlere Teil des Gletschers. Hier ist eine stark nach vorn gerichtete Zugspannung vorhanden. Diese führt, zusammen mit der vom Talhang stammenden Reibung, zum Aufreißen des Eises. Die Spalten verlaufen in einem 45° Winkel von den Rändern stromauf- und einwärts und keilen zur Mitte hin aus.

5 Beispiele für die verschiedenen Arten von Gletschern

5.1 Jakobshavn Isbræ als Beispiel für kalte Gletscher

Der, an der Westküste Grönlands gelegene, Jakobshavn Isbræ (Abb.5) ist einer der produktivsten und schnellsten Gletscher der Welt. Er nimmt 6,5% der kompletten Eismasse Grönlands ein und bewegt sich im Durschnitt mit 20m pro Tag fort. Weiterhin produziert er im Jahr Eisberge mit einem Gesamtvolumen von 30 km^3. Seit 2004 gelten die Gletscherfront des Jakobshavn Isbræ und der Kangia-Fjord als UNESCO-Weltnaturerbe. Grund dafür ist, dass sich der Gletscher bis zum Jahre 2000 in einem stabilen Zustand befand, mit einem geschlossenen Eisstromnetz (Maas et al.:2005:1).

Abb. 5: Geographische Einordnung des Jakobshavn Isbræ (Westfeld:2005:40)

Nach dem Jahr 2000 kam es zu einem andauernden Rückzug der Gletscherfront. Ergebnis ist, wie auf Abbildung 6 dargestellt, dass bis heute aus einem zwei Eisströme geworden sind, welche von Norden und Osten in den Kangia- Fjord münden. Dazu wird der Rückzug des Zehrgebiets ins Nährgebiet gut sichtbar. Der Fjord ist zwischen 7-10 km breit. Der Gletscherrückzug, welcher sich innerhalb von 3 Jahren vollzogen hat, beträgt 10 km. Außerdem wurde eine Abnahme der Dicke des Eises im Zehrgebiet von 10m gemessen. Dies hatte zur Folge, dass sich die Fließgeschwindigkeit auf 35m pro Tag erhöhte (Maas et al:2005:1-3).

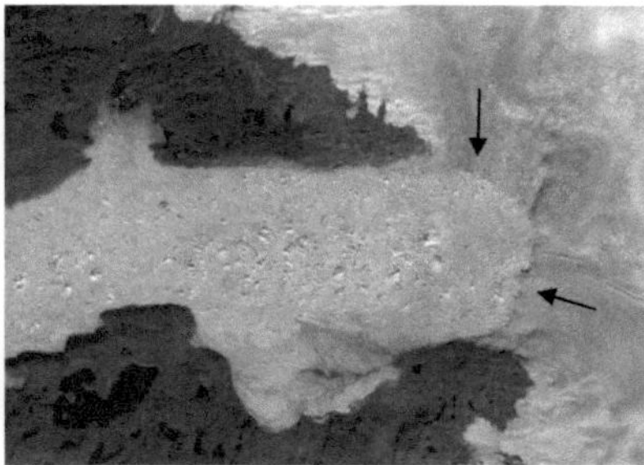

Abb. 6: Vergleich der Gletscherfronten des Jakobshavn Isbræ 2001(links) und 2004(rechts) (bearbeitet nach Maas et al.:2005:2)

Der massive Rückgang vom Jakobshavn Isbræ hat verschiedene Gründe. Hauptgrund ist jedoch der Abbruch der Gletscherzunge, der 1997 begann und im Jahre 2000 vollständig abgeschlossen war. Die Ursache für das Abbrechen wird auf die Temperaturerhöhungen zurückgeführt. Das Wegfallen der Zunge führt dazu, dass das nachkommende Eis keine natürliche Barriere mehr hat und ungestört abfließen kann. Hinzu kommt, dass der Druck stärker wird, welcher vom Nährgebiet auf das Zehrgebiet wirkt. Das Eis reagiert mit einer Geschwindigkeitszunahme, um die entstehenden Spannungen abzubauen. Außerdem kann durch die fehlende Zunge der Gletscher schneller kalben, wodurch er wiederum schneller an Masse verliert (Westfeld:2005:41-42).

5.2 Der Unteraargletscher als Beispiel für temperierte Gletscher

Der Unteraargletscher ist ein temperierter Talgletscher der zentralen Schweizer Alpen und stellt die Zunge der beiden Zuflüsse des Finsteraar- und Lauteraargletschers dar. Wie Abbildung 7 zeigt, wird der Hauptstrom von vier Akkumulationsgebieten genährt und ist circa 1km breit und im Durchschnitt 4° geneigt. Dabei ist das komplette Gletschersystem 13,5 km lang und die Exposition zeigt gen Osten. Merkmale des Unteraargletschers sind die schuttbedeckte Zunge und auch die schuttbedeckten Mittelmoränen, besonders im Bereich des Zusammenflusses von Lauteraar- und Finsteraargletschers (Bauder:2001:29-30).

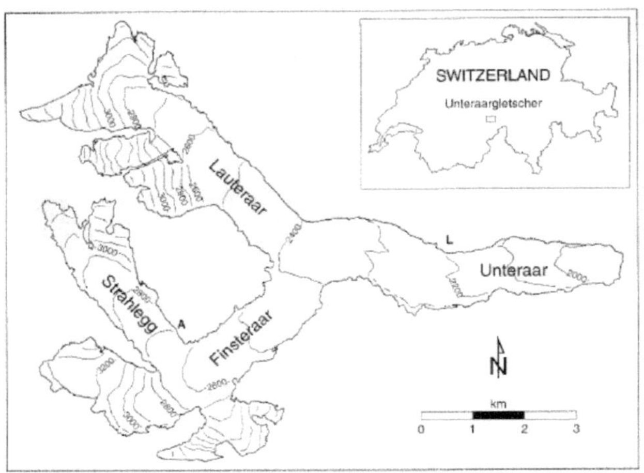

Abb. 7: Die geographische Lage des Unteraargletschers mit seinen Zuflüssen (Bauder:2001:30)

Weiterhin ist der Unteraargletscher einer der bestuntersuchtesten Alpengletscher. Bereits im vergangen Jahrhundert wurde er Ziel wichtiger Studien von Franz Josef Hugi (1793-1855) und Louis Agassiz (1807-1873). Bereits zu dieser Zeit wurde durch ganzjährige Untersuchungen klar, dass der Gletscher saisonalen Schwankungen ausgesetzt ist. Erneute Messungen zeigten, dass die Oberfläche des Gletschers saisonalen Beschleunigungs- und Hebungsphasen ausgesetzt ist. Dabei sind keine genauen Messwerte vorhanden. Der, im Sommer an der Gletschersohle entstehende, Wasserfilm ist für die Zunahme der Fließgeschwindigkeit ausschlaggebend (Bauder:2001:30-32).

Sicher ist, dass der Unteraargletscher seit 1900 deutlich an Masse verloren hat. Die Geschwindigkeitsverteilung, mit welcher sich der Gletscher über das gesamte Jahr bewegt, kann nicht exakt beobachtet werden. Deswegen wurde die mittlere Jahresgeschwindigkeit anhand von verschiedenen, sich überlagerenden physikalischen Prozessen berechnet (Bauder:2001:84-85).

Abbildung 8 zeigt noch einmal deutlich den Rückzug des Unteraargletschers zwischen 1961 und 1997 und im Vergleich dazu von 1990 und 2003. Dabei wurde in die Grafik eine Modellrechnung implementiert, um deutlich zu machen, wie exakt der Rückzug der Gletscher berechnet werden kann. Einziger Schwachpunkt bei der Modellrechnung stellt die Massenbilanz dar, da diese schwer vorherzusagen ist. Die durchschnittliche Oberflächenfließgeschwindigkeit lag dabei bei 30m pro Jahr (Funk/Minor:2005:12-13).

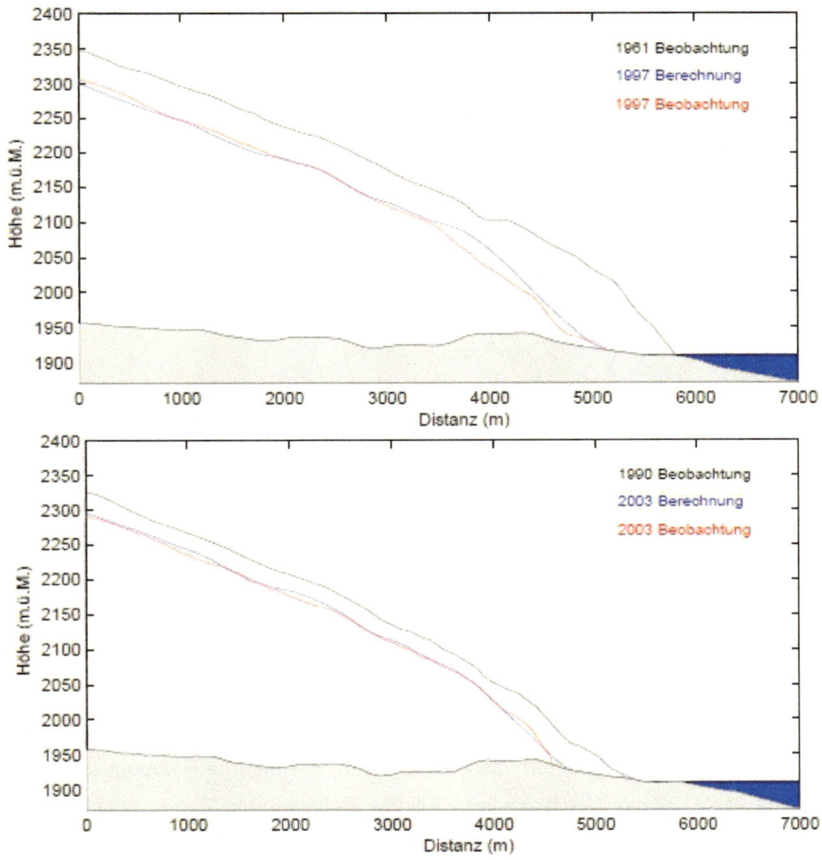

Abb.8: Rückzug des Unteraargletschers zwischen 1961-1997(oben) und 1990.2003(unten) mit dem Ergebnis der Modellrechnung (Funk/Minor:2005:15)

5.3 Storglaciären als Beispiel für polythermale Gletscher

Der Storglaciären ist einer der am besten erforschten Gletscher Nordschwedens. Er gehört neben dem Isfallsglaciären und dem Kebnepakteglaciären zu den drei Hauptgletschern des Tarfala Tals. Abbildung 9 zeigt die geographische Lage des Tarfala Tals in Schweden und des Gletscher in dem genannten Tal. Der Gletscher ist circa 3 km lang und hat eine Ausdehnung von 3,1 km² (Albrecht:1999:30).

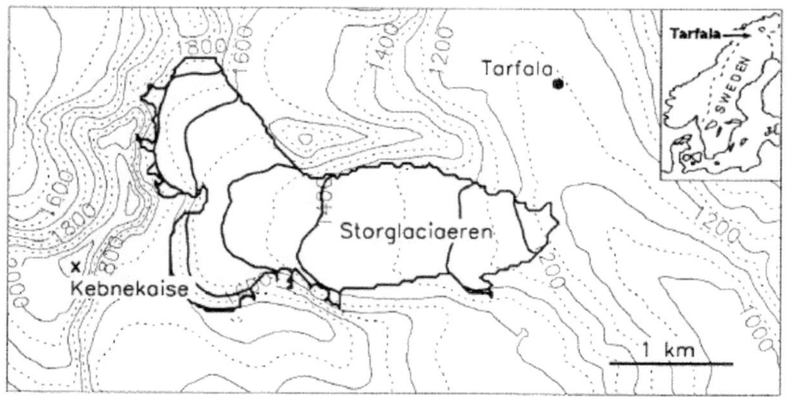

Abb. 9: Geographische Lage des Storglaciären (Albrecht:1999:30)

Er besteht fast hauptsächlich aus temperierten Teilen, lediglich ein Teilabschnitt im Ablationsgebiet des Gletschers ist polar oder auch kalttemperiert geprägt. Besonders bei polaren polythermalen Gletschern wird davon ausgegangen, dass der temperierte Teil des Gletschers seinen Schmelzwasserfluss durch entstehende Reibungswärme an der Gletschersohle erzeugt (Aschwanden:2008:25). Polythermale Gletscher sind häufig in ihrem thermalen Verhalten saisonal geprägt. Der Storglaciären hat, wie auf Abbildung 10 dargestellt, seinen kalttemperierten Teil auf dem gesamten oberen Bereich des Ablationsgebiets. Dieser wird durch eine gestrichelte Linie vom restlichen Teil des Gletschers abgegrenzt.

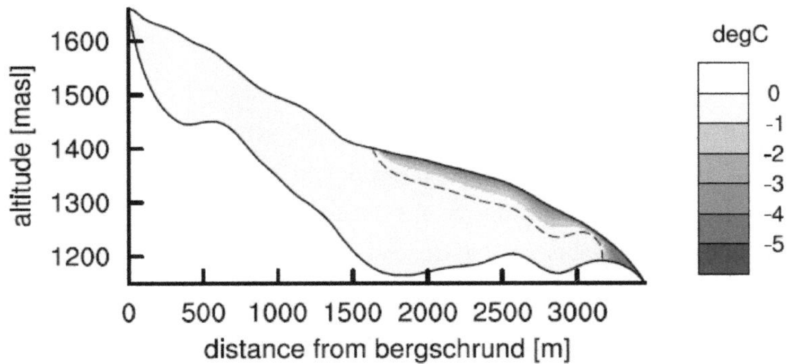

Abb. 10: Verteilung der Temperatur des Storglaciären und Einteilung in kalte und temperierte Zone (Aschwanden:2008:50)

Der kalttemperierte Bereich zieht sich bis in den Bereich der Gletscherzunge, in welchem er für ein Festfrieren des Untergrundes sorgt. Die Folge ist eine starke Reduzierung der Fließgeschwindigkeit des Gletschers (Polze:2009:24-25).

Die genaue Geschwindigkeit, mit der sich das Eis jährlich bewegt, ist leider nicht bekannt. Die kalttemperierte Zone im Ablationsgebiet des Gletschers wirkt sich negativ auf die Geschwindigkeit aus und hemmt diese. Wenn davon ausgegangen wird, dass sich temperierte Gletscher durch ihre Gleitschicht bis zu zehn Mal schneller bewegen können als polare Gletscher, ist sicher, dass polythermale Gletscher sich bei der Geschwindigkeit der Eismassen zwischen temperierten und kalten Gletschern einordnen, so auch der Storglaciären (Polze:2009:24-25).

Zusammenfassung

Die vorliegende Arbeit sollte die Thematik der Gletscherbewegung und der Geschwindigkeit, mit welcher sich polare, temperierte und polythermale Gletscher bewegen, näher zu erläutern. Grundlegend lässt sich feststellen, dass sich Gletscher in einem Fließvorgang bewegen. Dabei ist die Geschwindigkeit, mit der sich das Eis bewegt, unterschiedlich. Je nach thermalem Typ erreicht das Eis differenzierte Fließgeschwindigkeiten und vollzieht eine differenzierte Bewegung. Der temperierte Gletscher ist durch seinen Wasserfilm an der Gletschersohle der schnellste Gletscher. Das plastische Fließen, verursacht durch die niedrigen Temperaturen, macht den polaren Gletscher zu einem Typus, welcher sich am Wenigsten fortbewegt. Der polythermale Gletscher ist durch seine Mischung aus polarem und temperiertem Typus nicht genau klassifizierbar. Wichtig ist weiterhin, dass geographische und klimatische Eigenschaften Faktoren sind, die sich auf die Bewegung auswirken. Sie verursachen Schwankungen, welche dazu führen können, dass sich ein kalter Gletscher schneller als ein warmer bewegt. Dies wird auch an den ausgewählten Beispielen im letzten Abschnitt der Arbeit deutlich. Außerdem kann angeführt werden, dass sich im Quer- und Längsprofil unterschiedliche Geschwindigkeiten der Eismasse feststellen lassen. Gletscherspalten sind die besten Indikatoren, um eine Bewegung im oder auf dem Gletscher aufzuzeigen. Abschließend kann gesagt werden, dass Gletscher komplexe Systeme sind, die weiteren Forschungen unterliegen müssen, um noch spezifischere Aussagen auch in Verbindung mit dem klimatischen Wandel und dessen Auswirkungen treffen zu können.

Literaturverzeichnis

Ahnert, F. (1996): Einführung in die Geomorphologie: Stuttgart. Eugen Ulmer Verlag

Ahnert, F. (2009): Einführung in die Geomorphologie: Stuttgart. Eugen Ulmer Verlag

Albrecht, O. (1999): Dynamics of glaciers and ice sheets: a numerical model study.
Zürich

Aschwanden, A. (2008): Mechanics and Thermodynamics of Polythermal Glaciers.
Zürich

Bauder, A. (2001): Beststimmung der Massenbilanz von Gletschern mit
Fernerkundungsmethoden und Fließmodellierungen. Zürich

Freie Universität Berlin (FUB) (2007): Glazialmorphologie - Gletscherbewegung.
http://www.geo.fu-   berlin.de/fb/e-learning/pg-
net/themenbereiche/geomorphologie/glazialmorphologie/Gletscher/Gletscherbew
egung/index.html?TOC=Gletscher/Gletscherbewegung/index.html abgerufen am
30.03.2011

Funk, M./Minor. H.-E. (2005): Untersuchung zum Rückzug des Unteraargletschers bis
2032. Zürich

Greve, R./Blatter, H. (2009): Dynamics of Ice Sheets and Glaciers. Berlin: Springer
Verlag

Klebelsberg, R. (1948): Handbuch der Gletscherkunde und Glazialgeologie –
Allgemeiner Teil. Wien: Springer Verlag

Leser, H. (2003): Geomorphologie. Braunschweig: Westermann GmbH

Leser, H. (2005): Wörterbuch allgemeine Geographie. Deutscher Taschenbuch Verlag
GmbH & Co. KG: München

Maas, H.-G./Dietrich, R./Schwalbe, E /Bäßler, M./Westfeld, P. (2005):
Photogrammetrische Bestimmung räumlich-zeitlich aufgelöster
Bewegungsfelder am Jakobshavn Isbræ Gletscher in Grönland. Dresden

Meyer, F.J. (2004): Simultane Schätzung von Topographie und Dynamik polare
Gletscher aus multi- temporalen SAR Interferogrammen. München

Polze, A. (2009): Gletscherexkursion auf dem Storglaciären. Tarfala

Putzlager, K. (2010): Quantifizierung des Geohazardpotentials von
Gletscherseeausbrüchen. Wien

Strahler, A. H./Strahler, A. N. (1999): Physische Geographie. Stuttgart: Eugen Ulmer
Verlag

Westfeld, P. (2005): Entwicklung von Verfahren zur räumlich und zeitlich aufgelösten
2D-Bewegungsanalyse in der Glaziologie. Dresden

Winkler, S. (2009): Gletscher und ihre Landschaften. Darmstadt: Primus Verlag

Zepp, H. (2008): Geomorphologie. Paderborn: Ferdinand Schönigh